U0192213

WATCH THIS SPACE !

ASTRONOMY, ASTRONAUTS and SPACE EXPLORATION

你看！外太空

天文学、宇航员和太空探索

[英]克莱夫·吉福德 / 著　张春艳 / 译

浙江人民出版社

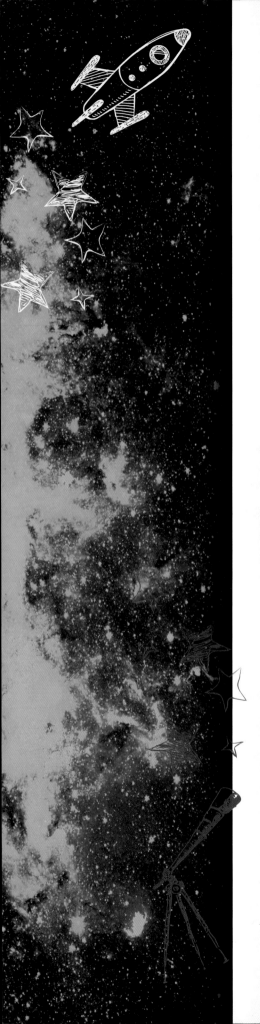

图书在版编目（CIP）数据

你看！外太空 /（英）克莱夫·吉福德著；张春艳
译 . — 杭州：浙江人民出版社，2022.1
ISBN 978-7-213-10310-0

Ⅰ.①你… Ⅱ.①克… ②张… Ⅲ.①宇宙—普及读
物 Ⅳ.① P159-49

中国版本图书馆 CIP 数据核字 (2021) 第 194777 号

浙 江 省 版 权 局
著 作 权 合 同 登 记 章
图字：11-2020-499 号

你看！外太空

［英］克莱夫·吉福德　著　张春艳　译

出版发行：浙江人民出版社（杭州市体育场路347号　邮编　310006）
　　　　　市场部电话：（0571）85061682　85176516
责任编辑：方　程
策划编辑：周海璐
营销编辑：陈雯怡　赵　娜　陈芊如
责任校对：陈　春
责任印务：刘彭年
封面设计：北京红杉林文化发展有限公司
电脑制版：北京弘文励志文化传播有限公司
印　　刷：浙江海虹彩色印务有限公司
开　　本：889毫米×1194毫米　1/16　　　　印　张：8
字　　数：150千字　　　　　　　　　　　插　页：16
版　　次：2022年1月第1版　　　　　　　印　次：2022年1月第1次印刷
书　　号：ISBN 978-7-213-10310-0
定　　价：128.00元（全四册）

如发现印装质量问题，影响阅读，请与市场部联系调换。

目录 CONTENTS

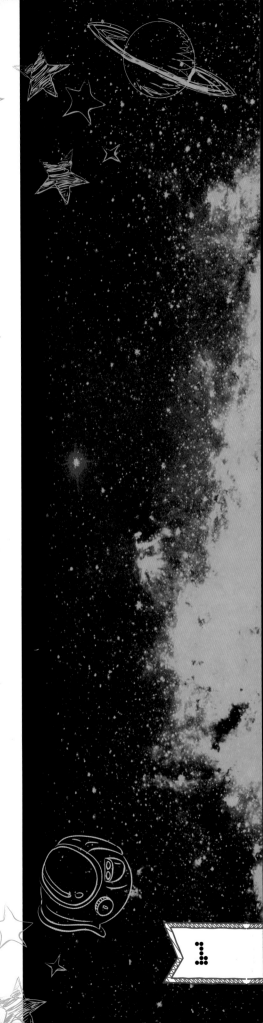

眺望星星

古代的人们常常仰望夜空，并对夜空中的天文现象惊奇不已。有些人更进一步，研究恒星和行星的运动，并据此来导航或编写准确的日历。久而久之，对夜空的研究变成了关于天文现象的科学——天文学。

追踪星象变化

地球环绕太阳运动引起星象发生改变，古代的人们以此来预测季节。古埃及人通过观测天狼星（他们称之为"伊西斯女神之星"*）的位置，来预测每年尼罗河洪水淹没农田的时间。

（*伊西斯是古埃及的智慧女神。——译者注）

古老的信条

古埃及人认为太阳是神，把它称为"拉（Ra）"。"拉"每天夜晚都被天空女神"努特（Nut）"吞噬。在中国，古人对日食充满恐惧，因为他们认为是天狗啃食了太阳。

谁是羲氏、和氏？

传说，羲氏、和氏是中国古代的天文学家，负责预测日食出现的时间。约公元前2000年，他们由于未能预测出日食，被当时的统治者处决了！

日食

这个玛雅天文台大约建造于公元906年。那时，在没有望远镜的情况下，玛雅天文学家已经能够在两小时之内推测出金星围绕太阳运动的轨道长度。

伟大的希腊人

从阿利斯塔克（Aristarchus）指出地球是围绕自身的轴线自转，到塔莱斯（Thales）预测出日食，古希腊人完成了许多重大的发现。受行星在夜空中运动的启发，他们还创造了"行星（planet）"这个术语，希腊文为"planétés"，意思是"漫游者"。

了不起的布拉赫

第谷·布拉赫（Tycho Brahe）是16世纪丹麦的贵族，他对天文学非常感兴趣。通过多年的观察，他编写了一本非常精确的恒星表，包含960多颗恒星——由于那时还没有发明望远镜，所有恒星都是用肉眼观察到的。布拉赫的助手约翰尼斯·开普勒（Johannes Kepler）后来进一步证实了行星是在椭圆轨道上围绕太阳运动的。

这是第谷·布拉赫雕像，位于丹麦首都哥本哈根

36 颗

这是巴比伦星表（Three Stars Each）里详细记录的恒星数量。巴比伦星表在3200年前被古巴比伦人记录在泥板上，是已知最古老的恒星表。

第谷·布拉赫一次意外中失去了一个鼻子。他用金自己在中斗决后，和蜡做了一个假鼻子。

光学望远镜

大约在 1608 年，荷兰眼镜制造商发明了第一台望远镜，他们将玻璃透镜放入管筒之中，来放大天体。早期的望远镜大部分被商人和水手们用来观测远处的船只。

望向星空

虽然意大利科学家伽利略·伽利雷（Galileo Galilei）没有发明第一台望远镜，但他是第一个用望远镜观察天空的人。他在太阳表面观测到了太阳黑子，而且首次观测到木星的 4 颗最大的卫星：木卫一、木卫二、木卫三和木卫四。

伽利略·伽利雷

折射望远镜

伽利略的望远镜是一种折射望远镜，它通过光圈聚集光线，光圈直径为 1.5 厘米，大约是我们瞳孔的 2 倍大小。光圈越大，能聚集的光线就越多。人们将望远镜的光圈和透镜做得越大，越能够将遥远的天体观察详细。

折射望远镜

4. 目镜放大图像

1. 光从光圈中通过

2. 物镜折射光线，将光线聚拢

3. 光线在焦点聚集

"魔镜，魔镜"

1668 年，艾萨克·牛顿（Isaac Newton）第一个用反射镜代替透镜制作出了反射望远镜。事实证明，这是一个非常实用的设计，因为不需要巨大的光圈就可以看见遥远的天体。而且反射镜比透镜轻，不容易扭曲变形，并且更易于制作成大尺寸。

艾萨克·牛顿

反射望远镜

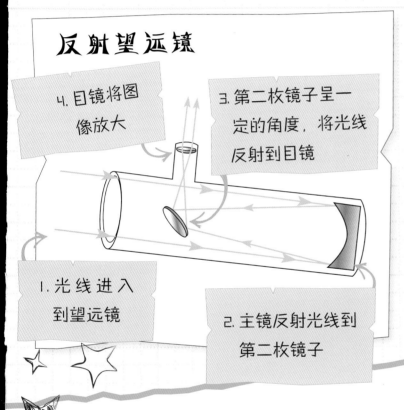

4. 目镜将图像放大

3. 第二枚镜子呈一定的角度，将光线反射到目镜

1. 光线进入到望远镜

2. 主镜反射光线到第二枚镜子

最大的反射望远镜有多大？

目前最大的反射望远镜是加那利大型望远镜，镜片直径达 10.4 米。但是，在未来 10 年内，科学家们还会制造出镜片直径达 40 米的望远镜。

36 个

这是构成凯克望远镜主要镜面的六角镜面数量。

现代望远镜

凯克望远镜 I 拥有巨大的光圈和反射镜，直径达 10 米，可以看到太空的深处。并且，当连上它的"胞弟"凯克望远镜 II 时，这一对望远镜"兄弟"就可以看得更远。1999 年，凯克望远镜兄弟首次观测到一颗系外行星，同时，还观测到恒星围绕位于银河系中心的巨大黑洞旋转。

天文台

大型望远镜通常和计算机以及专业照相机一起被安放在天文台里面。天文台通常建造在偏远、干燥、无云遮挡的地方，而且要远离城市，因为城市的灯光会干扰观测。

远程控制

天文台一般都将望远镜放置在有穹顶防护的室内，这种穹顶在需要观测时可以打开。电脑控制着望远镜的精确方位。有一些望远镜，如布拉德福德程控望远镜，可以通过计算机网络进行远程控制，它可以接收来自世界各地的指令。

进一步改良

望远镜上空地球大气层的空气不停流动，会使成像模糊。有些科学望远镜通过自适应性光学仪器来进行弥补。这种仪器由电脑和附加镜面组成。镜面可以根据空气的运动改变形状，使望远镜成像更清晰。

布拉德福德程控望远镜拍摄的银河系

26 台

这是美国亚利桑那州的基特峰国家天文台放置的各种类型的望远镜数量——这是世界上最大的天文仪器群组。

分解光

除了望远镜，其他仪器在天文台中也拥有重要的地位。其中，光度计是用来测量天体亮度的仪器；摄谱仪将恒星和其他天体发射的光线进行分解，形成不同颜色的图案。这种图案叫作光谱。天文学家通过分析光谱，可以了解天体由什么气体组成。

最古老的天文台多少岁？

许多古老的民族都建造了用于观测恒星和行星的天文台。最古老的天文台是德国的戈瑟克圈，已经超过6800岁了！它被用于绘制太阳的轨迹。

空中的望远镜

经过改进，一艘波音747飞机摇身一变，成为一个会飞行的"天文台"。它可以穿过地球大气层，更清晰地观察太空。这个美-德合作研发的天文台，被称为"索菲亚平流层红外天文台（Stratospheric Observatory for Infrared Astronomy，SOFIA）"。它拥有2.5米口径的反射望远镜和各种仪器设备，这些仪器设备被用来研究新生恒星和死亡中的恒星发出的红外线。

索菲亚平流层红外天文台飞过美国内华达山脉

索菲亚平流层红外天文台在飞行的时候，望远镜所在的舱门是打开的

看见其他波

伽马射线、X射线和无线电波都是不同类型的电磁波。虽然我们肉眼看不见它们，但天文学家运用特殊的仪器，可以将它们聚集起来并进行研究。

电磁波谱

从无线电波到伽马射线，不同种类的电磁波，都有它自身的波长——即某个波的一个点到下一个波相同位置的点的距离。波长越短，辐射的能量就越强。这些波可被绘制在电磁波谱上。

波长

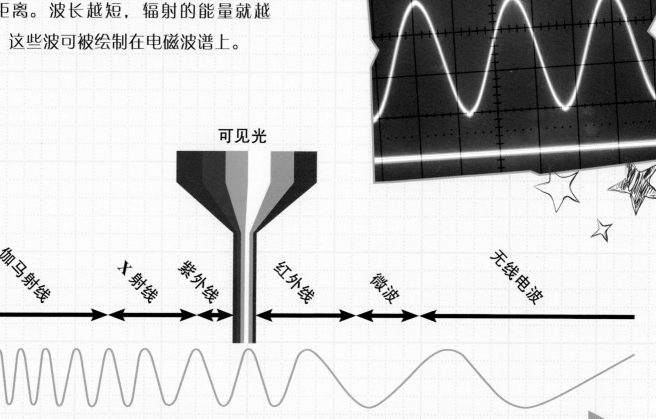

可见光

伽马射线　　X射线　　紫外线　　红外线　　微波　　无线电波

波长

能量

X 射线

温度在100万摄氏度以上的炙热恒星，会发射出巨量的x射线。爆炸中的恒星同样会发射x射线，所以x射线追踪仪器可以记录巨大的恒星爆炸。

太阳的
紫外线图像

紫外线

紫外线波长较短，比可见光能量大。那些宇宙中最炙热的恒星，会以紫外线的形式释放大部分能量。

伽马射线

伽马射线是所有电磁波中波长最短的。它是宇宙在发生最剧烈的运动（比如物质进入黑洞）时被释放出来的。大部分伽马射线会被地球的大气层吸收，所以为了探测伽马射线，我们会把伽马射线望远镜发射到太空之中，或者通过高海拔气球带到地球上方的高空中。

红外线

像彗星这类较冷的天体会释放出红外线。它比可见光能量低，但可以用红外望远镜观察和测量。

草帽星系的
红外线图像

射电天文学

无线电波（在天文学中被称为"射电波"）是所有电磁辐射中波长最长的。它们可以穿过地球大气层，并被地面上的射电望远镜检测到。

自制仪器，重大发现

格罗特·雷伯（Grote Reber）是20世纪30年代末到40年代中期世界上唯一的射电天文学家。他在位于芝加哥的母亲的房子旁边，用金属薄片和从T型福特卡车上拆下的部件，建造了第一个射电圆面天线。利用这个9.75米宽的射电圆面天线，雷伯进行了第一次无线电太空探索，监测到了无数星系发射出来的无线电波。

看见不可见

由于尘埃的遮挡，恒星之间较冷的气体无法被光学望远镜看见。但其发出的无线电波则可以穿过尘埃，并被检测到。因此，在研究太空中布满尘埃的区域，如恒星星云或某些星系的中心时，射电天文学非常实用。

右边是最早的射电圆面天线；左边是甚大阵（Very Large Array, VLA），它是由27台射电天线组成的现代射电天文台

通过射电天文学，人们发现了什么？

射电天文学带来了许多发现，例如脉冲星。它是一种密度很大、旋转速度很快的恒星。射电望远镜可以探测到遥远的星系喷射出来的巨大的气体流，比如从M87星系核心喷射出来的气流大约有5000光年长。

电波"大餐"

　　太空中的无线电波通常要用大型、凹面的无线电碟形天线设备来搜集。它可以增加电磁波信号的强度，然后进行测量。为了搜集更多的无线电波，科学家们建造了更大型的碟形天线设备，或让一系列中小型碟形天线设备协同工作，天文学家称这种组合为"阵列"。

嘿，快看，这是一个"阵"！

　　预计21世纪20年代竣工的"一平方千米天线阵（Square Kilometer Array，SKA）"，将成为全球最大的射电望远镜阵列。它将有成千上万个小型天线同时工作，绝大部分被分配在澳大利亚和南非，从而形成一个约为一平方千米的联合搜集区域。

305 米

　　这曾是最大的单口径射电望远镜碟形天线的直径。它位于波多黎各的阿雷西博天文台。这个蝶形天线是用超过38000块铝板联结在一起做成的。

在阿雷西博天文台的射电望远镜碟形天线

　　一平方千米天线阵的天线接收到的信号，需要巨大数量的计算机运算容量来处理。阵列的主计算机的运算能力相当于家用计算机的1亿倍。

太空中的天文台

地球的大气层会使太空中的可见光变形，并且阻挡其他的电磁波，如伽马射线。所以，一些望远镜和科学仪器被发射到了大气层之外的太空中，在这里，它们可以一天 24 小时不间断地观测太空。

哈勃空间望远镜

所有太空天文台中，最著名的是哈勃空间望远镜。它发射于 1990 年，长 15.9 米，重 11 吨，在距离地表 559 千米的轨道上运行。哈勃空间望远镜上搭载的仪器，可以观测到紫外线、红外线和可见光，并且经过特别的设计，它仅需很少的电力。它的运行功率仅为 2800 瓦，几乎只相当于一个电热水壶的功率。

愉快地按下快门

哈勃空间望远镜的精密照相机曾拍下太空中遥远天体的壮观图像。哈勃空间望远镜每周向地球的指挥中心传回大约 120 G 的图像和数据。截至 2014 年，它已拍摄超过 75 万张恒星、星系及其他天体的图像。

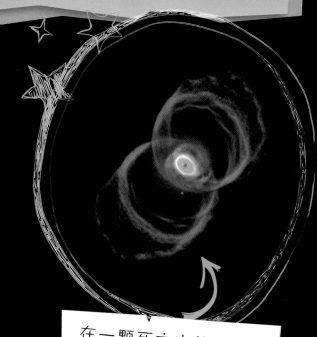

在一颗死亡中的恒星周围，哈勃空间望远镜捕捉到了这幅绝美的沙漏形状的图像

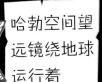

哈勃空间望远镜绕地球运行着

热与冷

钱德拉 X 射线天文台是 1999 年发射的，它可以接收由极其炎热的恒星发射出来的 X 射线，比如恒星爆炸后的残余物。相反，斯皮策空间望远镜研究太空中较冷的天体，这种天体发射出红外线。自 2003 年发射以来，斯皮策空间望远镜已经观测和追踪到了新彗星，并发现了最大、最黯淡的土星环。

科学家们组装斯皮策空间望远镜的部件

550 千米

这是韦布空间望远镜能够观测到足球大小天体的距离。这几乎是哈勃空间望远镜精确度的 7 倍。

折叠式天文台

韦布空间望远镜是哈勃空间望远镜的"继任者"，它的主镜口径达 6.5 米，遮阳装置长 18 米、宽 12.2 米（比网球场还大），远远超过了能放入火箭的尺寸。后来，它们被设计成在发射时折叠，抵达太空中后自动展开。

发 射

让机器克服地球的引力，进入太空，需要非常巨大的能量。只有一种引擎能够产生如此大的推力，摆脱引力的作用，将宇宙飞船发射到太空——火箭发动机。

作用力与反作用力

火箭发动机工作的原理是：任何作用力都有大小相等的反作用力。当一个火箭发动机在燃烧室点燃燃料，它将从发动机的排气管喷射出气体（作用力），形成的推力（反作用力）使火箭向相反的方向前进。

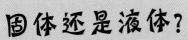

固体还是液体？

太空中并没有富含氧气的空气供燃料燃烧，所以火箭只能随身携带氧气或可制造氧气的化学物质。燃料和氧气混合即可燃烧。土星5号运载火箭发射升空时，每秒使用的燃料和氧化剂超过1.5吨——比两头成年大象还重。

装载着阿波罗11号的土星5号运载火箭进入太空

运用助推器

有些运载火箭从火箭发动机的外接装置来获得额外的动力，这种装置被称为"助推器"。它在火箭发射时被点燃，几分钟后燃料耗尽，就与火箭分离。这两个助推器被用来发射航天飞机，它们在最初燃烧的2分钟内释放出的巨大能量，足以使87000栋房屋燃烧一整天。

挑战者号航天飞机首次升空

有效载荷

火箭发动机驱动运载火箭发射升空。运载火箭上搭载的要运送到太空的人造天体，被称为"有效载荷"。它可能是一个空间探测器或是一个载人宇宙飞船。太空中第一批作为有效载荷的活物是一群果蝇，它们在1947年随V2火箭被发射到太空。

人类发射过的最大的运载火箭是？

美国国家航空航天局（National Aeronautics and Space Administration, NASA）的土星5号运载火箭宽10.6米，高110米，比美国自由女神像还高。它发射时，发动机产生了大约3400吨的推力。

133 次

这是NASA的可重复使用的航天飞机运载火箭成功完成任务的次数。在火箭发动机的推动下，航天飞机猛冲进入太空，再携带多达7名航天员缓缓滑翔返回地球。

空间探测器

空间探测器是被送到太空执行探测任务的机器。大部分探测器不再返回地球。由于不携带任何人员，探测器不需要太多的设备、供给或生命支持系统。它们只需要动力能源。所以，它们的造价比载人航天飞船便宜，体积也更小。

超级太阳能

空间探测器由太阳能板或者以放射性元素为燃料的发生器供能。探测器通过无线电波向地球传回数据、数字影像和测量值。

曙光号小行星探测器围绕小行星灶神星运行的艺术想象图

飞掠

许多探测器被设计用于飞掠行星、卫星、小行星或彗星，在运行的过程中获得测量数据。旅行者2号已经飞掠了全部4颗外行星，而曙光号小行星探测器在环绕大型小行星——灶神星和探访矮行星——谷神星之前，就已完成了飞掠火星。

2011年，环月球巡逻者（LRO）空间探测器传回的它在围绕月亮运行时勘测到的图像和其他信息达1.92 TB——可以填满41000张DVD（4.7 GB/张）。

空间探测器曾到过最远的地方是哪里？

旅行者1号空间探测器发射于1977年，目前仍然在运行。它现在距离地球大约227亿千米。

锁定在轨道上

有些空间探测器的发射目标为一颗行星或卫星，它们进入轨道，围绕目标运行，以便对其进行研究和图像拍摄。从 2003 年开始，火星快车（Mars Express）探测器围绕火星运行，传回海量的关于该行星大气层和星体表面的信息。它甚至曾"顽皮"地近距离经过火卫一，火卫一是火星两颗卫星中的一颗。

菲莱着陆器在彗星 67P/丘留莫夫 - 格拉西缅科上的艺术想象图

长期关系

2014 年，经过长达 10 年、约 64 亿千米的飞行，罗塞塔号探测器终于到达距离既定目标——慧星 67P/丘留莫夫 - 格拉西缅科 100 千米的位置。罗塞塔号探测器释放了名为"菲莱（Philae）"的小型着陆器到彗星核上。在反弹几次后，菲莱成功着陆。它向科学家们传回了非常多的数据。

从右到左：罗马神朱庇特（Jupiter）、他的妻子朱诺（Juno）和天文学家伽利略。

3 个

这是朱诺号空间探测器搭载的铝制乐高人仔数量。作为太空计划的一部分，这个设计的目的在于增强儿童探索太空的意识。

着陆器和探测车

首个抵达行星或卫星的空间探测器直接坠毁在了星体表面，因为当时的人们还没有掌握缓冲着陆的技术。其他探测器则在升空途中或着陆时意外损坏——这是空间探测器旅途中最危险的时刻。但有些存活下来并传回了重要的信息。

撞击！

宏伟的"深度撞击"计划发射了一个空间探测器，它撞向了被称为"坦普尔 1 号"的彗星的彗核。它以每小时 3.7 万千米的速度撞向彗星，形成了一个 150 米宽的撞击坑，大片彗核物质向上升腾。

这是在深度撞击探测器撞击坦普尔 1 号彗星 67 秒后拍摄的图像

探测器如何着陆？

一旦接近研究目标，其引力就会将探测器的着陆器牵引至行星或卫星表面。如果没有配备某种形式的刹车装置，它将加速。降落伞、喷气式推进器或空中起重机都可以帮助探测器平稳着陆。

被搭载的探测器

在被释放到目标表面前，有些着陆器是搭载在大型轨道飞行器上飞行的，比如罗塞塔号探测器上的菲莱着陆器和惠更斯空间探测器。2005 年，从卡西尼号土星探测器上释放的惠更斯空间探测器登陆了土星的卫星土卫六，土卫六距离地球超过 12 亿千米。

太空巡游

空间探测器能在行星或卫星表面移动，就表明着陆成功。首个成功着陆的探测车是汽车模型，大小的月球车1号。它于1970年在月球着陆，由苏联的科学家遥控。

第三代火星探测车（这些是复制品，真正的探测车还在火星上）

火星探测车 -A（2002）

旅居者号（1997）

好奇号（2012）

📷 **36700 张**

这是好奇号在火星的第一年拍摄的照片数量。为了庆祝登陆火星一周年，它还给自己播放了"生日快乐"歌——这也是火星上已知的第一首歌曲！

火星搬运工

海盗1号和海盗2号是最早的火星着陆器。三代火星探测车是它们的继任者。第一代——旅居者号火星车长65厘米，1997年在火星上着陆。在它之后，2002年，长1.65米的火星探测车 -A和火星探测车 -B在火星着陆。2012年，长3米的好奇号火星车成功在火星着陆。

太空人

1961 年，随着一声大喊："Poyekhali!"（"我们出发啦！"）尤里·加加林（Yuri Gagarin）随着 2.3 米宽的 "东方 1 号" 宇宙飞船腾空而起，成为第一个进入太空的人。多年来，500 多名航天员跟随着加加林的脚步进入太空，其中包括 26 岁的瓦莲京娜·捷列什科娃（Valentina Tereshkova），她于 1963 年进入太空，是首位进入太空的女性。

登陆月球的人

1969 年至 1972 年间，共有 12 位了不起的航天员在月球上留下足迹，这是阿波罗计划的一部分。阿波罗计划非常复杂，而它们是通过一台内存容量仅为 64 千字节的机载电脑实现的。这个内存容量仅为现代智能手机的五十万分之一。

1969 年，阿波罗 11 号登陆月球后，尼尔·阿姆斯特朗为同行的航天员巴兹·奥尔德林拍摄了这张照片

20—30 秒

这是当阿波罗 11 号登陆到月球表面时，容器内剩余的燃料可供维持的时间。它装载了首批登陆月球的航天员——尼尔·阿姆斯特朗（Neil Armstrong）和巴兹·奥尔德林（Buzz Aldrin）。

太空游客

有少数的人花费了大量的金钱去实现太空旅行，而他们并不是经过严格训练的航天员。丹尼斯·蒂托（Dennis Tito）是第一位太空游客。2001 年，他到国际空间站旅游了 8 天。许多公司正在开发自己的私人航天飞船，让人们在未来可以到太空一游。

全副武装

太空服是小型的生存密封舱，它可以在太空中极其炎热、寒冷和有害辐射的环境中为航天员提供保护。NASA 的 "舱外机动套装" 共有 13 层，在地球上的重量为 127 千克。它配备有液冷通风服、背部生命支持系统和指尖带有加热器的手套，穿上它要花 1 个小时。

太空行走

"太空活动" 或 "太空行走"（Extra-Vehicular Acfivity，EVA），是指航天员离开安全的宇宙飞船，到太空中 "探险"。几乎所有的太空行走者会通过一根 "脐带" 连接在宇宙飞船上，为他们舱外活动的太空服提供氧气和电力。

美国宇航员布鲁斯·麦坎德利斯（Bruce McCandless）使用一个 "载人机动装置"，享受了一段疯狂的 "太空漫步" 之旅。这个喷气式背包通过 24 个喷气管喷射燃烧的氮气来改变在太空中的方向

最早的舱外活动发生在什么时候？

最早的太空活动是 1965 年由苏联宇航员阿列克谢·列昂诺夫（Alexei Leonov）完成的，持续了 12 分钟。

NASA 发明的 "尿不湿"

在太空漫步时，航天员穿着 "最大量吸收服"。这是一种高科技的成人尿不湿，最多可吸收 2 升液体。

训练航天员

在航天员进入飞船发射升空之前，需要完成非常多的训练。航天员不仅需要身体健康，心理素质也要十分强大。

辨识方向

每一个航天员都需要熟悉宇宙飞船的控制和操作流程。这种训练在宇宙飞船的真实模拟仓里进行，可持续数月甚至数年。从如何穿上太空服到紧急情况处置，每一个流程都需要学习和练习。

适应微重力环境

在太空中，航天员需要适应微重力环境。这意味着他们以及所有未被固定的物体，都处于失重状态下，漂浮在周围。这会使我们的身体失去方向，所以受训的航天员需要在被戏称为"呕吐彗星"的飞行器中提前进行训练。飞行器急速飞上飞下，可以创造 20—30 秒的失重环境。

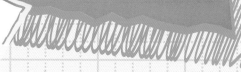

航天员在"呕吐彗星"中进行训练……

一切顺利

NASA 的航天员在室内游泳池里训练。这个"中性浮力实验室"长 61.6 米，宽 31.1 米，深 12.2 米。这个容器可以装下全尺寸的宇宙飞船模型，使航天员可以练习太空行走需要完成的部分动作。

803 天

这是谢尔盖·克里卡列夫（Sergei Krikalev）在太空中停留的时间。他曾乘坐过四种不同的航天器——联盟号空间飞船、航天飞机、和平号空间站和国际空间站。

任务专家

大部分航天员要么是优秀的科学家，要么是专业的飞行员。在执行任务过程中，每个人都有自己特殊的任务，比如在宇宙飞船内进行试验，或在太空中操作巨型机械臂移动设备。许多航天员都受过交叉训练，所以，他们也能够完成其他成员的工作。

在"中性浮力实验室"的水下训练

国际空间站

抬头看！国际空间站（the International Space Station，ISS）位于400千米外的地球上空，每90分钟环绕地球一圈，是目前在轨运行的最大的空间设备。它由16个国家联合建造，高74米，宽110米，比足球场略大。

一块接一块

自1998年开始，国际空间站被分批发射到太空。渐渐地，新的航空舱和部件不断增加到空间站的核心舱上，包括8对巨大的太阳能电池阵列机翼。每一个太阳能电池阵列机翼包含32800个太阳能电池，可以将太阳的能量转化为电能，为国际空间站提供能源。

大型"建筑工地"

国际空间站是太空中巨大的"建筑工地"，需要巨型机械臂、许多航天飞机，以及由113位航天员超过1100小时的太空活动完成。最长的一次太空活动是由苏珊·J.赫尔姆斯和詹姆斯·S.沃斯在2001年完成的，持续时间为8小时56分钟。

这是从"亚特兰蒂斯"号航天飞机上看到的国际空间站的景象

宽敞的空间

国际空间站成员在太空舱里工作和休息，它提供了六间房那么大的活动空间。国际空间站包括一个健身房、两间浴室和供宇宙飞船与其他飞行器之间运送成员、供给和零部件的节点舱。穹顶舱是一个360°视角的窗户，航天员们可以通过它欣赏太空的美景，甚至可以在太空中上网并发布到社交媒体上。

国际空间站成员由6—7人组成。你看，他们正在享受失重环境下的食物！

国际空间站重达 42 万千克，超过了地球上 300 辆汽车的重量。

2008 年，在一次太空活动中，航天员海德·斯蒂法尼斯海恩－派帕（Heide Stefanyshyn-Piper）正在国际空间站外行走，突然，她的高科技工具包从手中滑落，飘入太空消失不见。这个工具包含有价值约 10 万美元的设备。一年后，它进入地球大气层化为灰烬。

严肃的科学

国际空间站上的工作并不都是有趣的。作为半永久式太空基地，空间站提供了让航天员对地球和太空都进行研究的条件，航天员可以在太空对人类、地球和物质的长远影响方面，开展成千上万个科学实验。

144 艘

这是 1998 年至 2014 年间，飞往国际空间站的宇宙飞船的数量。

29

太空中的生活

载人宇宙飞船上的一些科学实验将焦点放在了航天员身上。他们使我们认识到了太空对人体的影响，并帮助我们了解怎样的装备才可以使他们胜任长时间的太空任务。

太空的作用

在最初进入太空的几天里，航天员可能会迷失方向或感到身体不舒服。失重使他们身体里的血液上升，从脚进入胸腔和脑部。这让航天员面部浮肿，有时会引起鼻窦疼痛和充血。

坚持锻炼

没有地球引力，航天员的肌肉由于不需要支撑整个身体，会逐渐变弱。国际空间站配备有重量训练器、跑步机和动感单车，在执行长时间任务时，可以帮助航天员保持肌肉的力量。航天员每天锻炼2—3小时。

俄罗斯航天员马克西姆·苏拉夫(Maxim Suraev)在国际空间站的跑步机上锻炼

5厘米

这是航天员在太空中平均"长高"的高度。这是由于失重的环境使脊柱舒展延长。

一日三餐，认真对待

早期，航天员的食物是干的食物块和果泥，从像牙膏的管道里挤出来。现在，为减轻重量，许多的食物被烘干，并密封在食品袋中，在太空站时再进行水化或加热。食物放在装有固定绳的餐盘里，这样就可以把它固定在墙上或桌子上，防止它飘走。

国际空间站上的餐具被固定在有磁铁的托盘上，以防它飘走

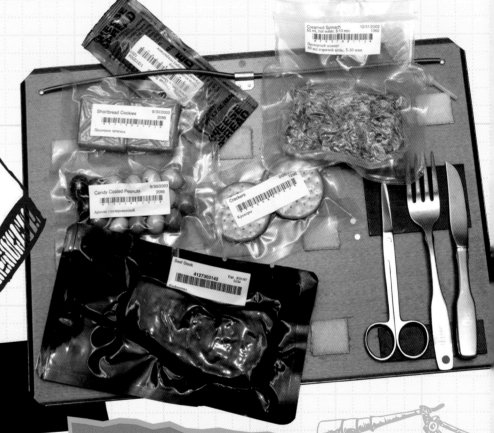

太空中如何上厕所？

你需要非常小心！空间站的厕所是用流动的空气来冲走液体或固体废弃物的，而不是水。在国际空间站上，液体废弃物经过过滤和净化后，作为饮用水被再次利用。固体废弃物被丢进袋子中，放入存储室，等待随宇宙飞船返回地球。

清洁

在太空微重力环境中，水不像在地球上一样向下流淌。它会朝各个方向漂浮在空中，甚至可能破坏航天器上的电脑设备。为了让航天员保持卫生，科学家们发明了不需要冲洗的牙膏和沐浴露。在国际空间站上，航天员用海绵擦浴，用潮湿的毛巾清洁身体。

术 语 表

凹面：如同碗一样向内弯曲的表面。

大气层：环绕在行星表面的大气覆盖层。

反射望远镜：运用镜子反射和聚拢光线的望远镜。

辐射：像红外线、x射线、可见光一样以波的形式穿行于太空之中的能量。

光年：光花费一年时间走过的距离（约为94605亿千米）。

光圈：望远镜、照相机或其他设备上，使光或者其他电磁波能进入的仪器的最前端的开口。

轨道：在太空中环绕另一天体运动的路径，通常为椭圆形。

黑洞：一类天体，它的引力极其巨大，以至于附近任何物体，包括光，都会被吸进去。

空间探测器：被送入太空探测并传回数据的机器。

空间站：被设计用来供人类在太空居住的宇宙飞船，通常是居住比较长时间。

推力：推动物体前进的力。

微重力：极其微弱的引力，让航天员在太空中感受到失重。

物质：客观存在于太空中的实体（如固体、液体或气体）。

系外行星：位于太阳系外的行星。

引力：物体之间相互作用的一股不可见的强大力量。

有效载荷：从地球发射到太空的火箭或其他运载火箭携带的货物。

折射望远镜：运用透镜聚拢光线的望远镜。

扩展阅读

网站：

http://amazing-space.stsci.edu/resources/explorations/groundup/
一段可以看见的望远镜的视觉历史及其发展过程。

http://coolcosmos.ipac.caltech.edu/
太空中的红外线天体指南或博物馆。

http://www.nasa.gov/mission_pages/station/main/#.VDZmZfldXHk
NASA 关于"国际空间站"的详细介绍。

图片来源

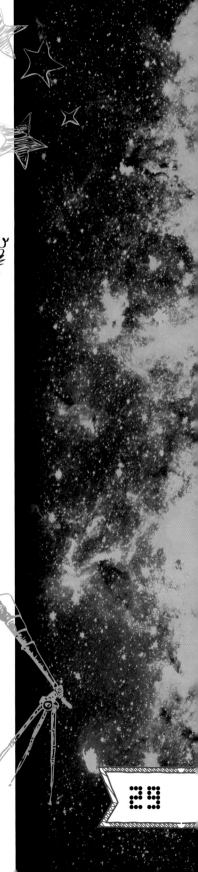

索 引

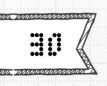